사이언스 리더스

폭풍이 몰아친다!

미리엄 부시 고인 지음 | 송지혜 옮김

 비룡소

미리엄 부시 고인 지음 | 교사와 조경가로 일하면서 어린이, 교육, 자연 풍경 등에 관심을 가지게 되었다. 이때의 경험을 살려 현재 내셔널지오그래픽 키즈 「사이언스 리더스」 시리즈의 작가로 활동하고 있다.

송지혜 옮김 | 부산대학교에서 분자생물학을 전공하고, 고려대학교 대학원에서 과학언론학으로 석사 학위를 받았다. 현재 어린이를 위한 과학책을 쓰고 옮기고 있다.

내셔널지오그래픽 키즈 사이언스 리더스
LEVEL 1 폭풍이 몰아친다!

1판 1쇄 찍음 2025년 1월 20일 1판 1쇄 펴냄 2025년 2월 20일
지은이 미리엄 부시 고인 옮긴이 송지혜 펴낸이 박상희 편집장 전지선 편집 임현희 디자인 천지연
펴낸곳 (주)비룡소 출판등록 1994.3.17.(제16-849호) 주소 06027 서울시 강남구 도산대로1길 62 강남출판문화센터 4층
전화 02)515-2000 팩스 02)515-2007 홈페이지 www.bir.co.kr 제품명 어린이용 반양장 도서 제조자명 (주)비룡소
제조국명 대한민국 사용연령 3세 이상 ISBN 978-89-491-6910-1 74400 / ISBN 978-89-491-6900-2 74400 (세트)

사진 저작권 Cover: Visuals Unlimited; 1: Pekka Parviainen/Photo Researchers, Inc.; 2: David Epperson/Stone/Getty Images; 4: Design Pics Inc/First Light/Getty Images; 4-5: Phil Degginger/Alamy; 5: Danny Lehman/Corbis/VCG/Getty Images; 6-7, 32 top left: Roine Magnusson/Stone/Getty Images; 8-9, 32 top right: Jhaz Photography/Shutterstock; 10 left, 10-11, 14-15, 32 bottom right: Gene Rhoden/Weatherpix Stock Images; 12 top: IntraClique/Shutterstock; 12-13: Sebastian Knight/Shutterstock; 13 right, 32 bottom left: Jim Reed/Photo Researchers RM/Getty Images; 16-17: Ingo Arndt/Minden Pictures/National Geographic Creative; 18-19: Hiroyuki Matsumoto/Photographer's Choice/Getty Images; 20-21: Steve McCurry/National Geographic Creative; 22-23: Mike Hill/Alamy; 24-25: NASA/JPL/SSI; 26-27 top: Anatoli Styf/Shutterstock; 26-27 bottom: Visuals Unlimited; 27 top: Kazuyoshi Nomachi/Getty Images; 27 bottom: Solvin Zankl/Photographer's Choice/Getty Images; 28: AGE photo; 29 top: Alvaro Leiva/Photolibrary.com; 29 bottom: Science Faction/Getty Images; 30: Norbert Rosing/National Geographic/Getty Images; 31 top: Gustavo Fadel/Shutterstock; 31 bottom: Sean Crane/Minden Pictures

이 책의 차례

폭풍이 몰려온다고?

휘이이잉! 앗, 바람에 빨래가 다 날아가
버렸네! 이렇게 몹시 세차게 부는 바람을
폭풍이라고 해.

폭풍은 비나 눈을 함께 몰고 와서 동물과
식물이 물을 먹을 수 있게 해 줘. 또 강력한
바람으로 공기를 깨끗하게 해 주지.

하늘에 둥둥 떠 있는 구름은 아주아주 작은
물방울들이 뭉친 거야.

저기 봐! 짙은 **먹구름**이 하늘을 뒤덮었어.
휭휭 거세게 부는 바람에 나뭇가지가
마구 흔들려. 무시무시한 폭풍이 오려나 봐!

폭풍 용어 풀이

먹구름: 몹시
시커먼 구름.

번쩍, 우르릉! 번개와 천둥

번쩍! 우르릉 꽝꽝!

먹구름 속 작은 물방울들이 얼어붙었어. 작은 얼음 알갱이들이 큰 얼음 알갱이들과 세게 부딪치면 번쩍번쩍 **번개**가 일어나! 번개는 순식간에 공기를 뜨겁게 데우지. 이렇게 눈 깜짝할 사이에 온도가 바뀌면 커다란 폭발 소리가 나. 이게 바로 **천둥**이야.

콰쾅! 천둥 번개가 폭풍을 알리고 있어!

폭풍 용어 풀이

번개: 구름과 구름,
구름과 땅 사이에서
생겨 번쩍이는 불꽃.

천둥: 번개가 칠 때
크게 울리는 소리.

번개는 몹시 뜨거운 전기야. 태양보다도 뜨겁지. 번개는 구름과 구름 사이, 구름과 땅 사이에서 생겨.

번개라고 하면 흔히 알파벳 제트(Z) 모양을 떠올려. 그런데 놀랍게도 번개의 모양은 여러 가지야. 글쎄, 공처럼 둥근 번개도 있다니까! 하지만 번개의 모습을 직접 보기는 어려울걸? 번개는 1초도 안 되는 순간에 사라져 버리거든!

번개는 자연에서 생긴
전기야. 전기는 사람이
만들어 내기도 해.

이 넓은 끈 모양의 번개는
뭘까? 강한 바람이 불면
번개가 옆으로 퍼지면서
이런 모양이 된대.

우박이 떨어진다!

투두둑 꿍!

아야! 머리에 뭐가 떨어진 거지?

하늘에서 얼음덩어리가 떨어졌어!

폭풍은 천둥 번개와 함께 얼음덩어리인

우박을 몰고 오기도 해.

폭풍 용어 풀이

우박: 하늘에서
떨어지는
얼음덩어리.

번개가 먹구름에서 일어난다고 했지?
번개가 치는 먹구름 속에서 얼음 알갱이들은
이리저리 굴러다녀. 그러면서 서로 뭉치고
커지다가, 너무 무거워지면 우박이 되어
땅으로 뚝 떨어지는 거야.

가끔 이렇게나 큼직한
우박이 내리기도 해!

어서 피해, 토네이도야!

가만, 갑자기 바람이 멎고 주변이 고요해졌어. 어라? 저 멀리서 기둥 모양의 **회오리바람**이 하늘로 치솟고 있잖아? 이런, 토네이도야!

토네이도는 소용돌이치는 바람이야. 빠르게 빙빙 돌면서 구부러져 오르는 모습 때문에 '트위스터'라고도 하지. 영어로 트위스트가 '휘다'라는 뜻이거든. 우리나라에서는 이런 바람을 '용오름'이라고 부른단다.

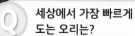

세상에서 가장 빠르게
도는 오리는?

휙오리

폭풍 용어 풀이

회오리바람: 바람이
빙글빙글 돌면서
세게 부는 것.

15

사막에 부는 모래 폭풍

사막에서는 폭풍이 거대한 모래 벽을
만들기도 한대. 거센 바람이 땅을 쓸면서
어마어마한 양의 모래 먼지를 들어 올리는
거야. 폭풍이 셀수록 모래 벽도 더 높고 커져.

아프리카 북쪽 사막 지역에서 일어나는
이런 **모래 폭풍**을 '하부브'라고 해. 하부브가
한바탕 마을을 휩쓸고 지나가면 울타리와
나무가 모두 쓰러지고 말아.

눈앞을 가리는 눈보라

으악, **눈보라**가 온 마을을 뒤덮었어. 창문을
꼭꼭 닫아! 눈보라는 세찬 바람에 휘몰아쳐
가루처럼 날리는 눈이야.

심한 눈보라가 불어닥치면 바로 눈앞도
보이지 않아. 눈송이가 몸을 마구 때려서 한
걸음 내딛기조차 힘들지.

홍수로 마을이 물바다가 되었어!

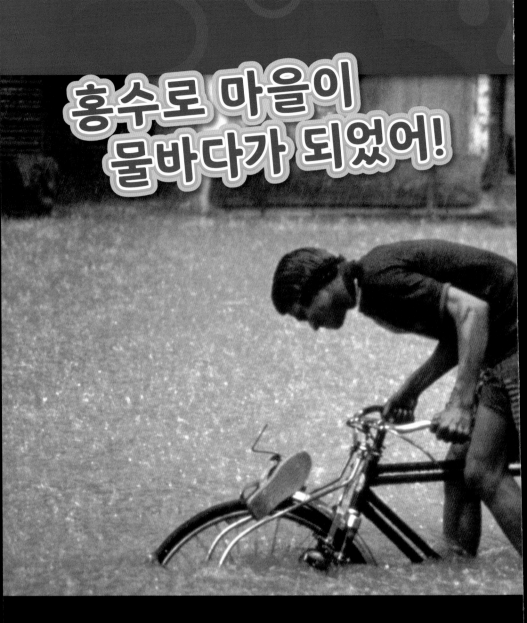

여름이 되자 엄청난 비가 쏟아졌어. **홍수**로 강과 호수가 넘쳐흐르고, 길거리마저 잠겨 버렸지. 몬순이 **폭풍우**를 몰고 온 거야!

폭풍 용어 풀이

홍수: 비가 많이 와서
강이나 내에 갑자기
크게 불어난 물.
폭풍우: 세찬 바람이
불면서 쏟아지는
큰비.

몬순은 계절에 따라 부는 방향이 바뀌는
바람이야. 여름철에는 엄청난 비를 싣고 와서
인도나 네팔에 홍수를 일으키곤 해.

휘몰아치는 허리케인

늦여름 바다에 먹구름이 드리웠어. 먹구름이
몰고 온 거센 바람에 바닷물이 솟구치고,
회오리 모양의 구름이 생겨. 앗, 비까지
쏟아지잖아? 맙소사, **허리케인**이다!

허리케인은 강한 비바람을 일으키는
폭풍의 한 종류야. 따뜻한 바다에서 생겨나.
우리나라에서는 태풍이라고 하지. 허리케인이
땅에 닿으면 집이 쓰러지고, 홍수가 나기도
해. 그런데 이렇게 사나운 허리케인의
한가운데는 바람 한 점 없이 고요하대. 여기를
'태풍의 눈'이라고 불러.

Q 허리케인이 가장 좋아하는
길거리 음식은?

A 회오리감자

우주에서 부는 폭풍

지구 밖 우주에서도 폭풍이 불까? 물론이야!
지구보다 훨씬 거센 폭풍이 불기도 하지.

목성에서는 폭풍이 400년 넘게 불고
있어! 2009년 토성에서는 몇 달 동안이나
폭풍이 불며 번개가 치기도 했지. 이 번개는
지구에서 생기는 것보다 1만 배는 더
강력했다지 뭐야. 이뿐이게? 해왕성에서는
지구의 허리케인보다 더 강력한 바람이 늘
세차게 불고 있어.

목성에서 400년 동안 불고 있는
어마어마한 폭풍을 '대적점'이라고 해.

사진 속에 있는 건 무엇?

폭풍은 아주 작은 것들로 이루어져 있어.
이것들과 바람이 합쳐지면 강력한 폭풍이
만들어지지! 사진을 보고 폭풍을 이루는 것
중 무엇인지 맞혀 봐. 정답은 27쪽 위에 있어.

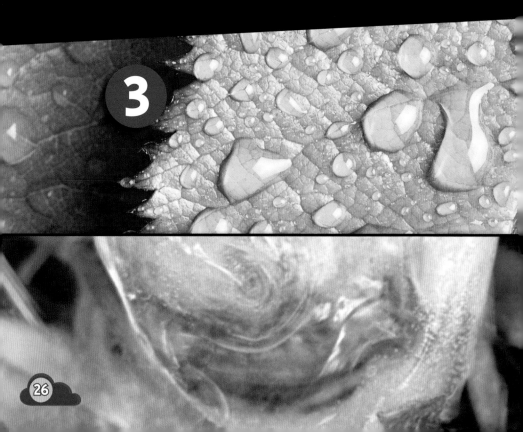

3

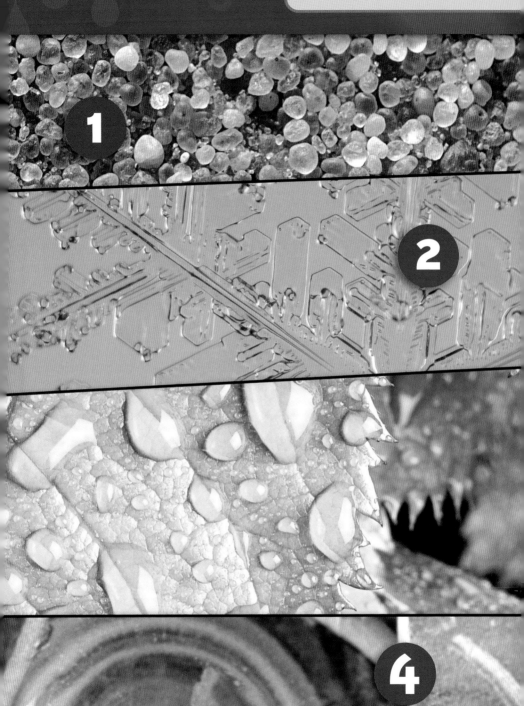

폭풍을 피하는 집

기둥 위에 지은 집

폭풍이 오면 어디로 숨지? 몬순으로 여름철에 홍수가 자주 나는 곳은 위 사진처럼 기둥 위에 집을 짓기도 해. 이 집은 홍수에 휩쓸리지 않아. 기둥 사이로 물이 술술 지나가니까!

천막집

이 천막집은 모래 폭풍이 불어도 안으로 모래가 들이치지 않아. 아래처럼 땅속에 방을 만들어 두면 토네이도가 불 때 안전하게 몸을 숨길 수 있겠지?

땅속에 만든 방

동물들의 폭풍 피하기

그럼 동물들은 어떡하냐고? 눈보라가 치면
사향소들은 서로 몸을 맞대고 꼭 붙어 있어.
차가운 눈바람에 몸을 따뜻하게 하는 거야.

모래 폭풍이 부는
사막에서 낙타는
눈꺼풀을 닫아서
눈을 보호해. 좁고
길쭉한 콧구멍과
털이 보송한 귀도
모래를 막아 주지.

여름철 몬순으로
비가 쏟아지면,
원숭이는 영리하게
큰 나무 밑에서
비를 피한단다.

먹구름
몹시 시커먼 구름.

번개
구름과 구름, 구름과 땅
사이에서 생겨 번쩍이는 불꽃.

이 용어는 꼭 기억해!

우박
하늘에서 떨어지는 얼음덩어리.

회오리바람
바람이 빙글빙글 돌면서
세게 부는 것.